모두의
레시피
①

WRITER **박누리**

저자 박누리는 종로구 통인동 골목 안, 따뜻한 집밥처럼 편안하게 즐길 수 있는 이탈리안 레스토랑 '갈리나데이지'의 오너 셰프입니다. 다들 데이지 셰프라 부르곤 하지요! 이태원 근처 레스토랑에서 요리를 배우던 시절에 즐겨 먹던 베트남 음식, 태국 음식의 고수 맛을 못 잊어 방콕과 치앙마이에서 태국 요리를 배워오고, 최근 태국 음식 전문점 소이마오에서 고수가 듬뿍 들어간 이탈리안 음식으로 콜라보 팝업 레스토랑까지 연 그녀는 자칭, 타칭 고수 마니아로 소문이 자자합니다. 미식 여행을 하며 아이디어를 얻고 평소 고수를 즐겨 먹으며 다양한 레시피에 접목하고 여러 맛집들을 찾아다니며 고수 요리에 흠뻑 빠져 있습니다. 이탈리아 가정식 요리를 만들다 보니 무겁지 않은 재료, 주변에서 흔하게 볼 수 있는 우리 식재료를 활용해 누구나 먹어도 푸근하고 따뜻한 요리를 만들어내죠. 그래서 그녀의 요리는 생각보다 무척 만들기 쉬워요. 이번 <모두의 고수> 편에서 그녀의 정감 어린 레시피를 만나볼 수 있으니 기대하세요!

모두의 고수

1판 1쇄 ○ 2020년 4월 24일(2000부)

지은이 ○ 박누리
기획 및 편집 ○ 장은실
교열 ○ 조진숙
사진 ○ 김정인
디자인 ○ 렐리시 Relish
인쇄 ○ 규장각

펴낸이 ○ 장은실(편집장)
펴낸곳 ○ 맛있는 책방 Tasty Cookbook
서울시 마포구 서강로 30 동원스위트뷰 614호
tastycookbook
esjang@tastycb.kr

ISBN 979-11-969787-2-3 13590

책값은 뒤표지에 있습니다.

잘못 인쇄된 책은 구입하신 곳에서 교환해드립니다.

모두의 고수

○

박누리 지음

맛있는
책방

○ *Prologue*

고수에 빠진 데이지

제가 처음 고수를 맛본 건 15년 전, 이태원의 이탈리안 레스토랑 '소르티노스'에서 일할 때였어요. 당시 이태원에는 '타이가든'이라는 태국 레스토랑이 있었는데, 이곳의 셰프가 태국인이어서 현지 맛을 그대로 재현했기에 태국 손님들이 많았습니다. 저도 이곳을 자주 찾으며 자연스럽게 태국 음식의 매력에 푹 빠지게 되었고 더불어 새로운 허브를 알게 되었으니 다름 아닌 고수. 음식에 고수를 넣으니 맛이 깔끔해지면서 풍미가 확 살아나는 게 어찌나 신기하던지 저는 바로 고수를 사랑하게 되었습니다. 이후 서른이 넘어 처음 가본 태국은 그야말로 신세계였어요. 태국 음식이 맛있다는 건 이미 알고 있었는데 현지에서 먹어본 그 맛은 또 다르더라고요. 아시아 음식의 세계는 알면 알수록 무궁무진해요. 그렇게 태국 음식과 고수에 푹 빠진 저는 동남아시아에 가면 톰얌쿵에도, 누들에도, 그 외 모든 음식에도 고수를 추가하곤 합니다. 베트남식 샌드위치 반미에도 고수 듬뿍 추가는 필수가 되었지요.

작년에는 태국 레스토랑 '소이마오'와 콜라보 팝업 레스토랑을 하면서 본격적으로 제 요리에도 고수를 접목하기 시작했습니다. 피시카르파치오파스타와 바질돼지고기볶음 등을 만들며 이탈리아 요리를 베이스로 하던 제 요리의 영역이 확장되기 시작한 거죠. 고수라는 허브 하나가 넓혀준 저의 음식 세계, 아직 제 레스토랑에서 고수가 들어간 메뉴를 낸 적은 없지만 이 책을 준비하며 고수에 더욱 빠지게 되었으니 곧 메뉴판에 새로운 메뉴가 등장하지 않을까요?

고수를 쓰면 쓸수록 느끼는 매력

고수를 좋아하긴 하지만 향이 강한 허브다 보니 고수 자체로 베이스를 만들기보다는 기존 요리의 마지막에 얹어 먹기만 했어요. 그런데 고수를 주인공으로 한 여러 메뉴를 만들면서 고수의 매력에 완전히 빠져들었습니다. 향이 강한 허브라고만 생각했는데 베이스로 사용하니 오히려 특유의 향은 부드럽게 줄어들고 음식에 깔끔함을 더해준다는 사실을 알게 되었죠. 음식을 먹고 난 뒤 입안을 깨끗하게 씻어주는 역할을 한다고 할까요? 향이 너무 강해 조금만 써야 한다는 인식을 완전히 바꾸게 되었습니다. 접목할 수 있는 요리도 무궁무진, 이 책에서 소개한 40가지 레시피도 재미있는 메뉴가 많으니 꼭 한번 시도해보세요. 아직 고수의 향이 조금 부담스럽다 하시는 분들은 집에서 수경 재배로 고수를 키워보세요. 흙에서 자라는 것보다 향이 여려 고수를 처음 먹는 이들도 부담 없이 접근할 수 있어요. 집에서 허브를 직접 키우는 재미까지 따라오지요.

○ Contents

How to

모두의 고수를 읽는 법

모두의 고수를
읽는 방법을
알려드릴게요.

Part 1

고수페스토

요리의 제목이에요.
맨 뒤 인덱스를
보시면 요리 이름으로
찾아볼 수 있어요.

고수페스토를 만들 때 저의 비법은 생크림을 살짝 넣어
초록 허브 특유의 강한 풋내를 잡아주는 건데요.
이 책에서 소개한 메뉴에 두루두루 많이 쓰이는
소스예요. 파스타와 피자, 샌드위치, 샐러드 등 거의
모든 요리에 사용이 가능해요. 제가 〈모두의 고수〉
책을 만들면서 가장 먼저 생각한 메뉴도 바로
고수페스토랍니다. 고수가 많이 나는 봄에 넉넉히
만들어 조금씩 나눠 냉동실에 보관해두고 쓰세요!

16

고수 요리를 소개하는
데이지 셰프의 맛있는
이야기를 담았어요.
요리하기 전에 읽어보세요.

정확한 계량을 위해 거의 모든 재료를 '그램(g)'으로 표시했습니다. 고수의 정확한 계량은 다음 페이지를 참조하세요.

90g 기준 ○ 고수 30g ○ 잣 10g ○ 파르메산 치즈 10g ○ 생크림 10g ○ 다진 마늘 1g ○ 안초비 2g ○ 올리브유 30g

1 고수는 뿌리를 제거하고 줄기를 3등분해주세요.

2 올리브유를 제외한 모든 재료는 믹서에 넣고 올리브유를 조금씩 부어가며 분리되지 않게 갈아주세요. 한번에 오일을 많이 넣으면 분리 현상이 일어나니 주의하셔야 해요.

3 뜨거운 물로 소독한 유리병에 고수페스토를 담고 올리브유를 살짝 부어 덮어주세요. 이렇게 하면 냉장고에 보관해두고 넉넉히 20일 정도는 드실

진공팩 또는 밀폐용기에 소분해 냉동보관하면 3개월간 드실 수 있어요.

레시피를 따라 할 때 주의해야 할 점, 보관법에 대한 내용을 알려드려요.

고수페스토는 크래커에 그냥 찍어 먹어도 맛있어요. 이 책에서 소개하는 다양한 요리에 응용해보세요. 고수 특유의 향이 페스토 조리법과 만나 살짝 중화되면서 고수를 좋아하지 않는 분들도 아주 맛있게 드실 수 있답니다.

조리 과정에서 도움이 될 데이지 셰프의 요리 Tip을 담았습니다.

Tip

고수에 대한 궁금증 6가지

고수 마니아
데이지가 알려주는
고수를 맛있게 먹는 Tip

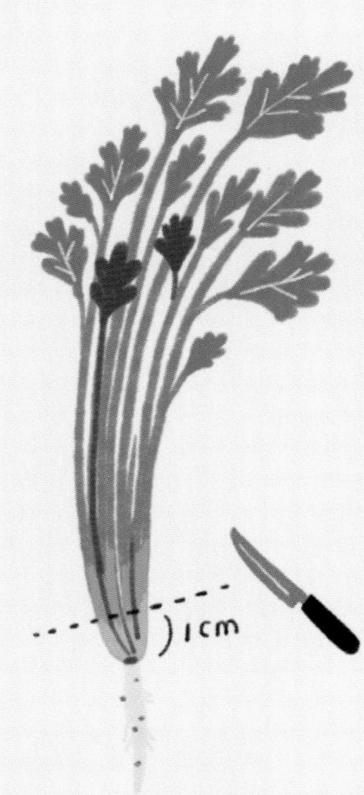

고수 세척하기

고수는 뿌리에 흙이 많이 묻어 있어 줄기만 쓸 경우에는 뿌리 위 1cm 정도까지 잘라 세척하면 좀 더 편해요. 뿌리를 활용하는 경우라면 뿌리 부분을 30분간 물에 충분히 담근 뒤 흐르는 물에 흙을 깨끗이 씻어내세요.

고수 보관하기

고수를 구입하면 깨끗이 세척한 뒤 물에 살짝 담가 잎을 싱싱하게 만듭니다. 힘 없던 잎사귀에 파릇하게 힘이 생기면 물기를 제거하고 밀폐 용기에 키친타월을 깔고 담아 냉장고에 보관합니다. 이렇게 하면 싱싱한 고수를 열흘 정도는 두고 먹을 수 있어요.

고수 계량하기

이 책에서는 정확한 계량을 위해 재료 단위를 그램(g)으로 표기했습니다. 고수 1줄기에 1~2g, 고수 1뿌리는 10g 정도로 생각하면 편합니다.

고수 키우기

고수를 구입한 뒤 뿌리째 물에 담가두면 꽤나 잘 자라요. 대신 이렇게 자라는 잎은 향이 조금 약하지요. 강한 고수 향을 좋아한다면 흙에 키우는 것을 추천합니다.

고수 구입하기

마켓컬리나 헬로네이처 같은 온라인 푸드 쇼핑몰에서 쉽게 만날 수 있어요. 하지만 아무래도 재래시장에서 구입하는 편이 신선도나 가격 면에서 만족감이 더 높을 거예요. 특히 고수가 많이 나는 봄에는 1단(600g)에 3000원 정도면 구입할 수 있으니 다양한 요리에 활용해 고수 파티를 할 수 있지요!

고수 뿌리 활용하기

보통 고수 뿌리는 먹지 않고 버리는 경우가 많은데 육수 재료로 활용해보세요. 국물에서 독특하면서도 깊은 풍미가 나고 음식의 잡내를 제거하는 데 도움이 됩니다. 장아찌나 피클을 담글 때에도 뿌리째 담그면 풍미가 더욱 깊어져요. 고기를 구워 먹을 때 곁들이면 더욱 별미이지요.

Part 1

고수 마니아의 저장 요리

한번 만들면 두고두고 먹을 수 있는 저만의 고수 요리들.
고수가 많이 나는 봄에 시장에서 한두 단 풍성하게 구입해 미리 만들어놓으면 그렇게 든든할 수가 없어요. 한식을 비롯해 양식, 중식 등 다양한 요리에 응용 가능한 매력 만점의 고수 저장 음식입니다. 꼭 따라 해보세요!

Part 1

고수페스토

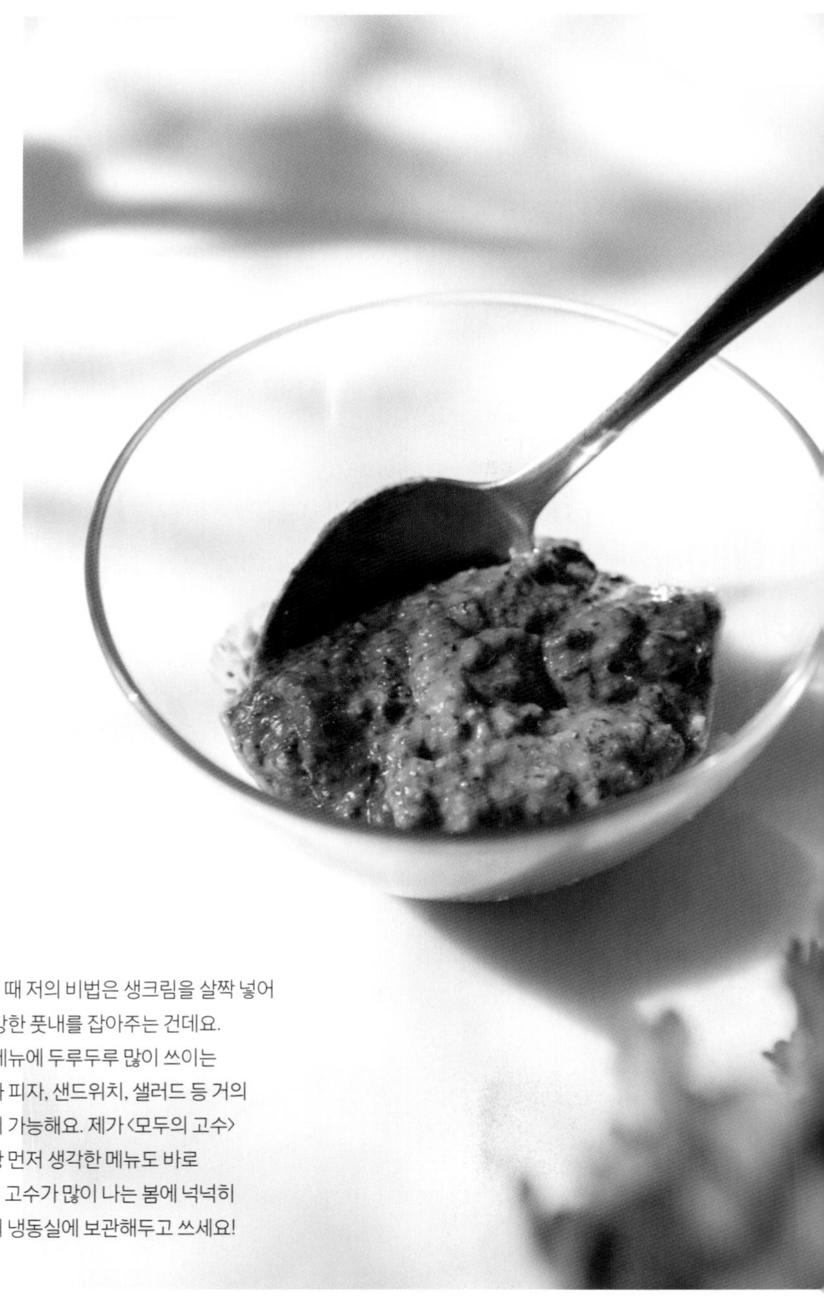

고수페스토를 만들 때 저의 비법은 생크림을 살짝 넣어 초록 허브 특유의 강한 풋내를 잡아주는 건데요. 이 책에서 소개한 메뉴에 두루두루 많이 쓰이는 소스예요. 파스타와 피자, 샌드위치, 샐러드 등 거의 모든 요리에 사용이 가능해요. 제가 <모두의 고수> 책을 만들면서 가장 먼저 생각한 메뉴도 바로 고수페스토랍니다. 고수가 많이 나는 봄에 넉넉히 만들어 조금씩 나눠 냉동실에 보관해두고 쓰세요!

90g 기준 ○ 고수 30g ○ 잣 10g ○ 파르메산 치즈 10g ○ 생크림 10g ○ 다진 마늘 1g ○ 안초비 2g ○ 올리브유 30g

1 고수는 뿌리를 제거하고 줄기를 3등분해주세요.

2 올리브유를 제외한 모든 재료는 믹서에 넣고 올리브유를 조금씩 부어가며 분리되지 않게 갈아주세요. 한번에 오일을 많이 넣으면 분리 현상이 일어나니 주의하셔야 해요.

3 뜨거운 물로 소독한 유리병에 고수페스토를 담고 올리브유를 살짝 부어 뚜껑을 덮어주세요. 이렇게 하면 냉장고에 보관해두고 넉넉히 20일 정도는 드실 수 있어요.

진공팩 또는 밀폐 용기에 소분해 냉동 보관하면 3개월간 드실 수 있어요.

데이지의 Tip

고수페스토는 크래커에 그냥 찍어 먹어도 맛있어요.
이 책에서 소개하는 다양한 요리에 응용해보세요.
고수 특유의 향이 페스토 조리법과 만나 살짝 중화되면서
고수를 좋아하지 않는 분들도 맛있게 드실 수 있답니다.

고수드레싱 ①②

제가 고수를 여러 가지 요리에 활용해보니
아무래도 드레싱으로 만드는 게 가장 다양하게 고수를 쓸 수 있는 방법이더라고요. 고수 특유의 향 때문에 잘 못 드시는 분들도 드레싱을 만들어 요리에 넣으면 고수와 점점 사랑에 빠질 수 있을 거예요.
고수 입문자들을 위한 드레싱이라고 할 수 있죠. 저는 한식과 양식에 적용할 수 있는 두 가지 버전으로 만들어보았어요. 입맛에 맞게, 요리에 맞게 활용하면 됩니다. 특히 한식 드레싱에 고춧가루를 넣어 섞으면 비빔 양념장으로도 손쉽게 만들 수 있어요!

샐러드, 오이무침, 고기에 곁들이는 다양한 채소 무침에 잘 어울려요.

① 고수한식드레싱

300ml 기준 ○ 다진 고수 잎 10g ○ 미림 100g ○ 설탕 1Ts ○ 식초 100g ○ 레몬즙 2Ts ○ 생강즙 1ts ○ 간장 100g

1 냄비에 미림을 살짝 끓여 알코올을 날려주세요.

2 고수를 제외한 나머지 재료를 넣고 약한 불로 5분간 천천히 끓여주세요.

3 다진 고수 잎을 넣고 식힌 후 소독한 용기에 담아 냉장고에 보관해주세요.

30일 동안 냉장 보관이 가능해요.

② 고수양식드레싱

125ml 기준 ○고수 3g ○올리브유 100g ○레몬즙 25g ○꿀 10g ○소금 2g

1 믹서에 모든 재료를 넣고 곱게 갈아주세요.

2 소독한 용기에 담아 냉장고에 보관해주세요.

30일 동안 냉장 보관이 가능해요.

고수딥

고수딥은 그때그때 만들어 신선한 상태로 먹어야 맛있어요. 나초 칩을 찍어 먹어도 맛있고 셀러리나 당근 등 채소 스틱을 푹 찍어 먹어도 맛있답니다. 다이어트 중일 때 산뜻한 맛으로 먹기 딱 좋아요! 샐러드 소스로도 응용 가능하니 아보카도와 고수가 있다면 꼭 한번 만들어보세요.

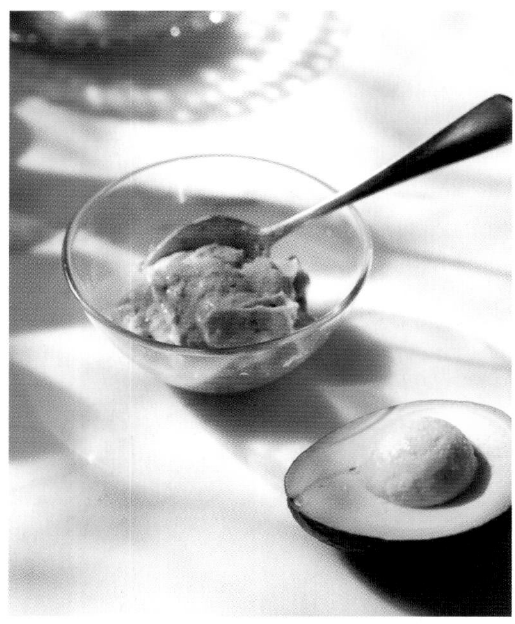

100g 기준 ○ 고수 10g ○ 아보카도 ½개

드레싱 재료 ○ 플레인 요거트 50g ○ 꿀 5g ○ 올리브유 15g ○ 레몬즙 5g ○ 다진 마늘 ½ts ○ 소금·후춧가루 약간씩

1 고수는 잘게 다지고, 아보카도는 껍질과 씨를 제거한 뒤 포크로 잘게 으깨주세요.

2 나머지 재료를 넣고 아보카도와 고루 섞이도록 저어주세요.

고수장아찌

고기를 구워 먹을 때, 입맛이 없을 때, 뭔가 색다른 반찬이 필요할 때 고수장아찌는 훌륭한 반찬이 됩니다. 고수는 뿌리만 잘라내면 되니 아주 간편하게 손질할 수 있어요. 남은 뿌리는 모아두었다가 국을 끓일 때 육수 재료로 사용하기에 좋아요. 고수장아찌는 만들기도 쉬우니 한번 도전해보세요!

유리병 350g 기준

○ 고수 200g

간장물 ○ 설탕 1½컵 ○ 물 2컵 ○ 식초 2컵 ○ 간장 2컵

1 고수는 뿌리만 자르고 깨끗이 씻어 길게 준비해주세요.

2 냄비에 설탕, 물, 식초, 간장을 넣고 끓여주세요.

3 소독한 유리병에 고수를 넣고 준비한 간장을 부어주세요.

4 반나절 동안 실내에 두었다 냉장고에 보관하세요.

30일 동안 냉장 보관이 가능해요.

고수피클

이건 정말 먹어봐야 아는 맛있는 피클! 고수와 무가 이렇게 잘 어울리다니요!
피자나 파스타, 치킨 등 주로 서양 요리를 먹을 때 아주 잘 어울리는
피클이에요. 고수장아찌가 한국식 피클이라면 요건 서양식 피클이죠.
무도 좋고 당근이나 콜라비 등 조금 단단한 재료를 응용해도 좋아요.
아무래도 비주얼은 깨끗한 무로 만드는 게 예쁘겠지요? 제가 오랫동안
고안해낸 피클물 재료의 계량인 만큼 꼭 저울을 사용해 분량을 잘 맞춰주세요!

유리병
350g 기준

○ 고수 30g ○ 무 200g

피클물 ○ 피클링 스파이스 4g ○ 월계수 잎 1장 ○ 설탕 90g ○ 소금 13g ○ 물 100g ○ 식초 130g

1 냄비에 피클물 재료를 모두 넣고 끓여주세요.

2 무는 먹기 좋은 크기로 직육면체 모양으로 썰어주세요.

3 고수는 뿌리를 제거한 뒤 줄기로 무를 잘 묶어주세요.

4 소독한 유리병에 무와 고수를 넣고 준비한 피클물을 부어주세요.

5 반나절 동안 실내에 두었다 냉장고에 보관하세요.

30일 동안 냉장 보관이 가능해요.

고수김치

쪽파김치, 대파김치, 미나리김치 등 뿌리채소로 만들 수 있는 다양한 김치들이 있는데요! 고수김치는 줄기 특유의 쫄깃한 맛이 인상적인 김치예요. 잎은 양념에 부드러워지고 향은 더욱 살아나며 줄기는 쫄깃쫄깃 씹는 맛이 더해져 색다른 김치를 맛볼 수 있답니다. 라면 먹을 때 곁들이면 특히 더 맛있어요!

간단히 만드는 김치라 감칠맛과 풍미를 빠르게 더해주기 위해 멸치액젓과 참치액을 섞어 넣었어요.

고수 100g 기준

○ 고수 100g

양념장 ○ 통깨 1Ts ○ 고춧가루 3Ts ○ 다진 마늘 1Ts ○ 멸치액젓 3Ts ○ 참치액 1Ts ○ 매실액 2Ts

1 고수는 뿌리를 자르고 깨끗이 씻어주세요.

2 양념장 재료를 모두 섞어주세요.

3 고수와 양념장을 고루 버무려주세요.

4 용기에 담아 반나절 동안 실온에 두었다 냉장고에 보관하세요.

30일 동안 냉장 보관이 가능해요.

Essay

나는 왜 요리사가 되었을까요

향토 음식을 하는 어머니 밑에서 자란 덕에 제 어린 시절은 여러 가지 맛으로 가득 차 있었어요. 딸만 다섯 명, 딸 부잣집의 막내딸로 유복한 환경에서 자랐기에 온갖 맛있는 음식을 먹고 자랐죠. 정원에 복숭아나무와 자두나무, 앵두나무가 있어 철마다 싱싱한 과일을 바로 따 먹을 정도였으니까요. 음식 하나도 허투루 만들지 않는 어머니의 주방은 유독 컸는데 그 주방의 8인용 식탁에 온 가족이 둘러앉아 밥을 먹고는 했지요. 제철 재료로 만든 한식을 전문으로 하는 어머니는 우리에게 패스트푸드 등을 먹이지 않았어요. 손도 커서 운동회를 하면 김밥을 50줄, 100줄씩 싸시던 모습이 지금도 기억나요. 큰 가마솥에 끓여내는 곰탕을 비롯해 철마다 담그는 장아찌와 김치, 나물 등 어머니가 해주시던 귀한 음식 대신 철 없던 어린 시절에는 피자나 치킨 등이 먹고 싶었어요. 제가 자란 영주에는 양식을 파는 곳이라고는 고작 패스트푸드점뿐이어서 서양 음식에 대한 갈망이 더 컸지요. 그래서 먹고 싶은 음식을 직접 만들어 먹어야겠다는 생각에 고등학교에 다닐 때 이미 양식과 제과제빵부터 일식, 한식 등 조리사 자격증을 종류별로 다 따게 되었습니다. 그러다 보니 대학도 자연스럽게 조리과에 들어갔지요. 어머니는 저에게 항상 "지금 네가 하고 싶은 것이 있으면 뭐든지 다해라" 하고 격려하셨어요.

제가 대학을 졸업하고 취업할 당시에는 제대로 된 이탈리안 레스토랑이 별로 없었어요. 그러다 이탈리안 셰프가 직접 운영하는 이탈리안 레스토랑이 오픈을 준비하고 있다는 사실을 알게 되었고 꼭 그곳에서 일해야겠다는 생각으로 이력서를 들고 찾아갔지요. 이렇게 이태원의 이탈리안 레스토랑 '소르티노스'의 오픈 멤버로 참여해 본격적인 이탈리아 요리의 길로 들어섰습니다. 주방은 많은 이들에게 알려진 대로 고된 곳이에요. 장사가 너무 잘되어 50리터, 100리터 '짬통'을 들고 이태원 계단을 오르내리고 나면 집에 갈 때는 제대로 걷지도 못할 정도가 되었지요. 퇴근 후 집에 기어가 겨우 씻고 잠든 뒤 아침이 되면 바로 출근해야 하는 참 힘겨운 시간이었어요. 이렇게 계속 살 수 있을까, 어떻게 살아야 하나 고민할 때 어머니가 "힘들어도 참으면서 꾸준히 배우다 보면 네 인생의 주춧돌이 될 거다. 그만두고 싶으면 언제든지 내려와 한식을 배워도 좋다. 하지만 지금은 이탈리아 요리를 배울 수 있는 좋은 기회이니 열심히 배워보아라" 하고 말씀하셨죠.

이곳에서 일하며 많이 배웠지만 이탈리아 요리에 대한 갈망은 점점 커져가고 있었어요. 이탈리아에 가본 적도 없는 내가 어떻게 제대로 된 이탈리아 음식을 만들 수 있지 하는 의구심에 해외 요리책을 사 모으기 시작했어요. 책을 잔뜩 넣은 캐리어를 끌고 돌아다니며 외국 서적을 파는 아저씨의 단골이 되었죠. 그러다 '진짜 이탈리안'을 체험하기 위해 이탈리아로 건너가 평일에는 레스토랑에서 일하고 주말에는 여기저기 레스토랑을 다니며 많이 먹고 배우고 느꼈습니다. 이탈리아에서의 경험은 지금도 저에게 가장 소중한 기억으로 남아 있습니다.

그 후 2009년 이탈리아 요리에 집중하고 있던 저에게 선배 셰프가 뉴욕으로 미식 여행을 가자고 했어요. 여러 곳의 다이닝 레스토랑을 다니며 섬세한 분자요리에 관심을 가지게 되었어요. 그러다 우연히 만난 현지 셰프로부터 너는 "투박한 손이다"라는 얘기를 듣고 저는 섬세한 요리보다는 재료 본연의 맛에 충실한 이탈리아 요리에 더 적합한 사람이라는 것을 알게 되었죠.

그렇게 9년간 열심히 달려오다 어느 순간 독립해서 저만의 레스토랑을 열어야겠다는 생각을 하게 되었어요. 레스토랑 운영보다는 회사를 다니는 편이 안정적이지만 저만의 색깔을 보여주고 싶었어요. 레스토랑을 운영한다는 것은 단순히 요리만 하는 것과는 많이 달라요.

레스토랑이라는 작은 사회의 구성원으로서, 또 리더로서 함께 일하는 스태프들에 대한 책임감과 레스토랑을 운영하며 생기는 여러 가지 일에 대한 대처 능력, 그리고 연륜이 필요하죠. 제가 레스토랑에서 일하며 그런 것들도 함께 배웠어요. 물론 요리 자체도 중요하지만 요리를 잘하려면 책만 들고 연구해도 되죠. 오랜 시간 주방에 있으면서 쳇바퀴 도는 듯한 그 시간을 감수해내면 눈 감고도 할 수 있는 기술을 손에 익히게 됩니다. 뭐든지 오랜 시간 꾸준히 하면 얻는 것이 있다고 생각해요. 어느새 갈리나데이지를 오픈한 지 6년이 넘었습니다.

오직 이탈리아 요리 한길만 바라보며 지나온 시간은 저에게 큰 자양분이 되었어요. 시시각각 변하는 유행에 빠르게 대처하진 못해도 통인동 어느 작은 골목길에 있는 갈리나데이지에 가면 항상 따뜻하고 맛있는 이탈리아 요리를 먹을 수 있다, 이런 생각으로 찾아와주시는 손님들께 감사하죠. 최근에는 밀키트를 준비해 저의 요리를 전국 어디에서나 먹을 수 있도록 준비하고 있어요. 물론 제가 늘 하던 방식 그대로요. 소박하지만 따뜻하고, 간단해 보이지만 모든 스태프의 정성이 가득 담긴 갈리나데이지의 요리, 한번 오셔서 꼭 드셔보세요. 이 책을 보고 오신 분들께는 고수를 살짝 올려드릴지도 몰라요.

Part 2

○

내 인생 고수 요리 Best 10

고수로 만든 요리 중에서 제가 평소 즐겨 먹는 메뉴 10가지를 골라봤어요. 일상생활에서 쉽게 만날 수 있는 음식들이라 당장 만들어 먹기에도 좋아요. 브런치부터 라면, 삼겹살에 볶음밥까지…. 이쯤 되면 거의 모든 요리에 고수를 넣는다고 해도 과언이 아니겠지요. 제가 왜 고수에 이토록 빠지게 되었는지 레시피를 따라 만들어 먹다 보면 알 수 있어요. 정말 맛있는 메뉴들이랍니다.

고수레몬 치킨파니니

Part 1에서 소개한 고수페스토와 고수양식드레싱을 적극 활용한 메뉴입니다. 특히 고수드레싱에는 레몬이 들어가기 때문에 닭가슴살을 재울 때 매우 유용해요. 조금만 담가두어도 금방 부드러워지거든요. 집에 모차렐라 치즈나 빵에 곁들일 치즈가 있다면 쉽게 만들 수 있는 메뉴입니다. 아침에 든든하게 먹기 좋아요.

고수페스토 만드는 법은 16페이지를 참조하세요.

고수양식 드레싱 만드는 법은 21페이지를 참조하세요.

1인분

○ 고수페스토 2Ts ○ 고수양식드레싱 2Ts ○ 닭가슴살 1개 ○ 프로볼로네 치즈 2장
○ 샌드위치용 식빵 2장

1 닭가슴살은 망치로 두드려 고수양식드레싱에 1시간 동안 재워주세요. 재운 닭가슴살은 3일 정도 냉장고에 보관해두고 먹을 수 있어요.

2 잘 재운 닭가슴살은 250℃ 오븐에서 8~10분간 구워주세요. 오븐이 없다면 달군 팬에 오일을 살짝 두르고 앞뒤로 노릇하게 구워주세요.

3 식빵 한쪽에 고수페스토를 바른 후 닭가슴살, 프로볼로네 치즈 순으로 올리고 고수페스토를 바른 식빵을 덮어 완성합니다. 식빵 양쪽에 모두 고수페스토를 발라주는 것이 좋아요.

4 파니니 그릴 팬으로 꾹 눌러 구운 뒤 먹기 좋게 잘라 완성하세요.

파니니 그릴이 없다면 빵을 먼저 노릇하게 구워 샌드위치처럼 만들어 드시면 됩니다.

고수멸치파스타

홍명완 멸치를 처음 만났을 때 좀 놀랐어요. 일반 멸치와는 비교할 수도 없고 갓 잡아 올린 생물 멸치보다도 훨씬 더 맛있었거든요. 이 멸치는 홍명완 어부님이 만들어 인터넷을 통해 간간이 판매하는 소규모 업체의 제품인데요. 파스타에 올려 먹으니 치즈 같은 질감이 나더라고요. 간도 짭조름해 별도로 간을 맞추지 않아도 될 정도로 딱 적당했습니다. 저는 알리오 올리오 스파게티에 보통 이탈리안 파슬리를 넣는데 고수를 넣었더니 이국적인 맛이 나면서 풍미가 훨씬 좋아지더라고요. 멸치는 처음부터 넣으면 타기 때문에 마지막에 멸치와 고수를 넣어 버무린다는 느낌으로 마무리해주세요!

채소 스톡 만드는 법은 물 2L 기준 당근 50g, 양파 100g, 셀러리 25g, 마늘 2쪽, 통후추 5알, 월계수 잎 1장을 냄비에 모두 넣고 물이 ⅔ 정도로 줄어들 때까지 약한 불로 천천히 끓여주세요.

1인분

○ 다진 고수 잎 10g ○ 스파게티 면 130g ○ 올리브유 3Ts ○ 다진 마늘 ⅓Ts ○ 홍명완 멸치 40g ○ 화이트 와인 1Ts ○ 채소 스톡 또는 물 200ml ○ 소금·후춧가루 약간씩

1 스파게티 면을 9분 정도 삶아 준비하세요.

2 달군 팬에 올리브유(1Ts)를 두르고 다진 마늘을 넣어 볶아주세요.

3 화이트 와인을 넣어 알코올을 날려주세요.

4 채소 스톡을 넣고 준비한 스파게티 면을 넣어주세요.

5 소금으로 간하고 올리브유(2Ts)를 넣어 농도를 맞춰주세요.

6 어느 정도 걸쭉해지면 멸치, 다진 고수 잎, 후춧가루를 넣어 완성하세요.

카르파치오 고수피시

저는 육류보다 생선을 더 좋아해요. 생선회를 즐겨 먹는데 초장이나 간장에 찍어 먹는 회는 개인적으로 와인과는 잘 어울리지 않더라고요. 가끔 이탈리아에 가면 식당에서 카르파치오 메뉴가 나올 때 꼭 레몬을 달라고 해서 향이 좋은 올리브유와 함께 즉석에서 소스를 만들어 부어 먹어요. 와인과도 잘 매칭되고 회를 질리지 않고 계속 먹을 수 있죠. 그때 기억을 떠올려 고수를 넣어 만들었습니다. 고수양식드레싱만으로도 충분히 맛있는 피시카르파치오를 만들 수 있어요. 단, 이 드레싱은 흰 살 생선과 잘 어울리니 연어나 참치 같은 붉은 살 생선에는 피해주세요!

2인분 ○ 고수 2g ○ 케이퍼 4g ○ 선드라이 토마토 8g ○ 고수양식드레싱 2Ts
○ 도미 또는 광어(흰 살 생선) 100g ○ 소금 약간

고수양식 드레싱 만드는 법은 21페이지를 참조하세요.

1 고수는 잎만 뜯어 준비하고 케이퍼와 선드라이 토마토는 작게 썰어주세요.

2 생선은 얇게 회 뜨듯이 썰어 접시에 올려주세요.

3 소금을 살짝 뿌려 간하고 고수양식드레싱을 골고루 뿌려주세요.

4 케이퍼와 선드라이 토마토, 고수를 올려주세요.

5 생선살을 돌돌 말아 한번에 드세요.

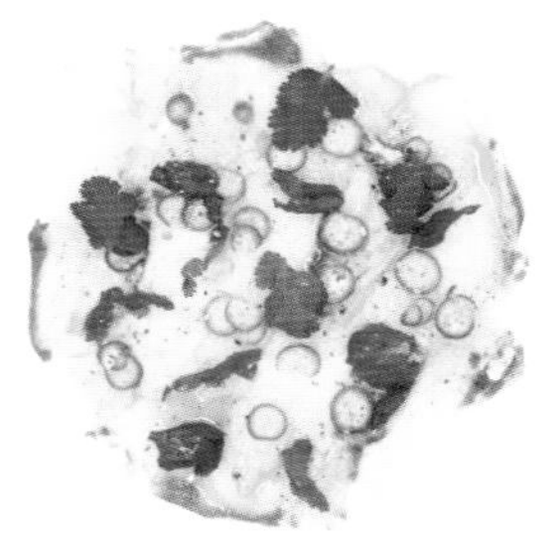

고수스콘

저는 평소 스콘을 즐겨 만들어요. 가족들도 좋아하고 날씨 좋은 날 피크닉 가기에 이만한 메뉴가 없죠. 맛있게 스콘을 구워 크림치즈나 잼을 곁들이면 그 자체로 훌륭한 브런치 메뉴 탄생! 스콘에 고수라니 조금 어색한 조합일 수 있는데 버터 풍미가 짙은 스콘의 맛을 산뜻하게 해주고 고수 향이 은은하게 풍겨 처음 먹어본 사람도 고수스콘인지 모를 정도예요. 스콘을 만들 때 가장 주의할 점은 버터가 아주 차가운 상태에서 반죽해야 한다는 거예요. 그래야 바삭하고 결이 살아 있는 스콘을 만들 수 있습니다. 스크래퍼로 반죽을 조각낸다는 느낌으로 밀가루와 버터를 섞어주세요. 요것만 잘 지키면 집에서도 충분히 맛있는 스콘을 만들 수 있어요.

6개 기준 ○ 고수 10g ○ 생크림 65g ○ 달걀노른자 1개 ○ 차가운 버터 50g
○ 달걀물용 달걀노른자 1개
가루 재료 ○ 박력분 145g ○ 설탕 20g ○ 베이킹파우더 4g ○ 소금 1g

1 고수는 깨끗이 씻어 물기를 뺀 후 잘게 다져주세요.

2 가루 재료는 모두 체에 내려주세요.

3 생크림과 달걀노른자는 섞어주세요.

4 체에 내린 가루는 차가운 버터를 스크래퍼로 잘게 쪼개가며 섞어주세요.

5 다진 고수와 3, 4를 고루 섞어 반죽해주세요.

6 반죽을 랩에 싸서 30분간 냉장고에 차갑게 휴지시켜주세요.

7 6등분으로 자른 뒤 반죽에 달걀물을 발라주세요.

8 170℃로 예열한 오븐에 15~20분간 구워주세요.

집에 푸드프로세서가 있으면 모든 재료를 한번에 넣고 갈아도 좋아요.

고수스무디

저는 셰프로서 체력을 단련하기 위해 아침마다 달리기를 하거나 자전거를 탑니다. 이렇게 운동을 하면 푸짐한 아침 식사보다는 가벼운 스무디나 주스가 몸에 활력을 더해주는데요! 보통 아보카도와 바나나를 넣은 부드러우면서도 쫀쫀한 질감의 스무디를 즐겨 마시는데 여기에 레몬즙과 고수를 첨가하니 굉장히 산뜻해지더라고요. 고수 특유의 향이 여러 재료와 만나 깔끔한 맛의 스무디가 만들어집니다. 꼭 드셔보세요.

1인분 ○ 고수 5g ○ 아보카도 ½개 ○ 바나나 ½개 ○ 사과주스 1컵
○ 꿀 1Ts ○ 레몬즙 약간

1 모든 재료는 한번에 넣고 갈아주세요.

고수달걀샌드위치

저는 달걀샌드위치를 무척 좋아해요. 평소 즐겨 만들어 집에서도 먹고 갈리나데이지 스태프들과 나눠 먹기도 하죠. 저의 비법은 매우 심플하다는 거예요. 재료를 이것저것 넣지 않고 홀그레인 머스터드랑 마요네즈, 꿀 정도만 넣어 깔끔하고 담백하게 만들어요. 흔히 넣는 다진 파슬리 대신 고수를 넣었더니 달걀과 마요네즈의 약간 비린 맛을 잡아주면서 색감도 예쁜 고수달걀샌드위치가 완성되었답니다!

2인분 ○ 다진 고수 잎 5g ○ 달걀 2개 ○ 샌드위치용 식빵 2장 ○ 소금 1ts ○ 마요네즈 약간

양념 ○ 마요네즈 2Ts ○ 홀그레인 머스터드 1ts ○ 꿀 1ts ○ 소금·후춧가루 약간씩

1 달걀은 끓는 물에 소금 1ts을 넣고 10분간 삶아주세요.

> 달걀을 삶을 때 소금과 식초를 넣으면 터지지 않고 껍질을 쉽게 벗길 수 있어요.

2 볼에 으깬 삶은 달걀과 다진 고수 잎, 양념 재료를 넣어 섞어주세요.

3 식빵 한쪽 면에 마요네즈를 살짝 바르고 버무린 달걀을 듬뿍 올려주세요.

4 나머지 식빵으로 덮고 가장자리를 잘라낸 뒤 2등분 혹은 4등분해주세요.

> 샌드위치는 랩으로 쫀쫀하게 감싸 10분 정도 두었다 자르면 모양이 잘 잡힙니다.

고수굴찜

한겨울 굴(석화)만큼 매력적인 식재료는 없는 것 같아요. 사실 굴은 그대로 먹어도 맛있지만 계속 먹다 보면 질리기도 해요. 또 언제까지 초장만 찍어 먹을 수는 없잖아요? 오븐에 구우면 정말 맛있는데 뚜껑 있는 프라이팬을 활용해도 좋아요. 중국에서 맛보았던 가리비찜을 응용해 만들었는데 제철에 맛난 굴을 활용하기에는 이 레시피가 딱이에요. 각 계절에 나는 어패류 즉 봄에는 바지락, 가을에는 새조개 등을 응용해 만들어도 좋아요.

굴 10개 기준 ○ 고수 3g ○ 굴 10개 ○ 쥐똥고추 3개 ○ 마늘 4쪽 ○ 올리브유 1 ½Ts

1 고수와 쥐똥고추는 손으로 자르고 마늘은 굵게 다져주세요.

2 자른 고수와 쥐똥고추, 다진 마늘에 올리브유를 섞어주세요.

3 한쪽 껍질을 제거한 석화 위에 양념한 재료를 얹어주세요.

4 250℃로 예열한 오븐에 넣어 3분간 구워주세요.

5 기호에 따라 신선한 고수 잎을 곁들여주세요.

오븐이 없다면 찜기에 5분간 쪄주세요.

고수삼겹살

저는 삼겹살에 미나리를 얹어 구워 먹는 걸 좋아해요. 집에 고수가 많아 미나리 대신 고수를 얹어 구웠더니 줄기가 연하고 특유의 향 덕분에 삼겹살을 무척 맛있게 먹었던 기억이 나서 소개한답니다. 고수무침도 곁들이고 고수 뿌리도 함께 구워 드셔보세요. 색다른 삼겹살을 즐길 수 있어요!

1인분 ○ 고수 60g(무침용 30g, 구이용 30g) ○ 양파 ¼개 ○ 삼겹살 150g
○ 소금·후춧가루 약간씩

고수무침 양념 ○ 고수한식드레싱 2Ts ○ 설탕 1ts ○ 고춧가루 1Ts ○ 다진 마늘 1ts
○ 참기름·참깨 약간씩

고수한식 드레싱 만드는 법은 18페이지를 참조하세요.

1 무침용 고수는 큼직하게 썰고 구이용 고수는 뿌리만 잘라내세요.

2 양파는 채 썰어 찬물에 살짝 담가 매운맛을 제거하세요.

3 고수무침 양념 재료는 한데 섞어주세요.

4 삼겹살은 먹기 좋게 썰어주세요.

5 팬에 삼겹살을 구우며 소금, 후춧가루로 간을 해주세요. 중간중간에 고수와 고수 뿌리도 올려주세요.

6 삼겹살이 익는 동안 고수에 양념을 넣고 버무려주세요.

7 잘 익은 삼겹살에 고수무침을 곁들여 드세요.

양송이버섯을 구워 함께 드셔도 좋아요.

고수라면

혹시 라면 끓일 때 고수를 넣어본 적이 있으신가요? 저는 신맛을 좋아해 라면에 타바스코 소스나 식초를 넣는데 먹다 보면 놀랍게도 톰얌쿵 맛이 나더라고요. 그래서 태국 요리처럼 라면에 고수를 넣어봤더니 와! 정말 놀라운 맛이었습니다. 고수 하나로 급상승되는 고수라면의 맛을 즐겨보세요.

1인분

○ 고수 10g ○ 물 500ml ○ 라면 1봉지 ○ 콩나물 50g
○ 쥐똥고추 1개 또는 홍고추 ½개 ○ 라임 ¼조각

1 고수는 먹기 좋게 썰어주세요.

2 냄비에 물을 넣고 끓어오르면 분말 스프와 면을 넣어주세요.

3 라면이 끓어오르면 콩나물과 쥐똥고추 또는 홍고추를 넣어주세요.

4 라면이 거의 다 익으면 고수를 올리고 라임즙을 뿌려주세요.

고수고등어볶음밥

등 푸른 생선을 좋아하는 저는 어릴 때부터 고등어구이를 즐겨 먹었어요. 하지만 구울 때마다 냄새가 나서 번거로웠는데 제가 즐겨 찾는 단골집 '이치에'에서 고등어로 볶음밥을 만들더라고요. 그 이후로 간편하고 맛도 있는 고등어볶음밥을 자주 만들어 먹고 있습니다. 보통 볶음밥에 대파를 많이 넣고 향을 내는데 저는 여기에 고수도 함께 넣어봤어요. 고수가 마치 레몬처럼 잡내를 잡아주는 역할을 하니 고등어 요리에 더없이 잘 어울리는 거 있죠. 생물 고등어는 물론이고 통조림 고등어나 꽁치를 활용해도 좋아요.

1인분

○ 고수 10g ○ 대파 20g ○ 순살 고등어 100g
○ 밥 1공기(200g)
양념 ○ 식용유 2Ts ○ 연두 1Ts

1 고수는 잘게 다져주세요.

2 대파는 송송 썰어주세요.

3 고등어는 2등분해주세요.

4 달군 팬에 식용유를 두르고 대파를 볶아 향을 내세요.

5 고등어를 넣고 잘게 부수며 익혀주세요.

6 밥을 넣고 연두로 간을 하세요.

7 다진 고수를 넣고 숨이 죽을 정도로만 살짝 익혀 섞어주세요.

Part 3

○

고수가 이탈리아 요리를 만났을 때

이탈리아 요리에 고수라, 제 전공이 이탈리안이다 보니 아무래도 적용할 수 있는 아이디어도 많고 실제로 만들어보니 꽤 그럴싸하게 어우러져 메뉴 몇 가지 소개하려고 해요. 이탈리아 요리 하면 파스타나 리소토 정도만 떠올리는데 우리 주변에 흔한 식재료로 만들 수 있는 요리가 무궁무진해요. 여기에 고수의 킥을 더하면 조금은 특별한 요리로 탄생하죠. 정말 간단해요. 다른 요리들보다도 쉽고 단순하게 느껴질 수도 있어요. 천천히 따라 해보세요!

고수생선구이

집에서 생선구이 많이 해 드시지요. 요즘은 생선을 먹기 좋게 손질해 팔기에 집에서도 부담 없이 간편하게 구울 수 있어요. 가정용 그릴 팬으로 먹음직스러운 자국도 낼 수 있고요. 생선이야 잘 굽기만 하면 되고 생선구이에 곁들이는 시금치볶음이 정말 맛있는 요리라 자부해요. 고수양식드레싱에 시금치를 볶으면 얼마나 맛있는지요!

2인분 ○ 도미 또는 광어 살 150g ○ 시금치 30g ○ 다진 마늘 1ts
○ 소금·올리브유 약간씩
양념 ○ 고수페스토 1Ts ○ 고수양식드레싱 1Ts

고수페스토 만드는 법은 16페이지를 참조하세요.

고수양식 드레싱 만드는 법은 21페이지를 참조하세요.

1 생선살은 소금으로 간해주세요.

2 시금치는 끓는 물에 살짝 데쳐 물기를 제거해주세요.

3 달군 팬에 올리브유를 두르고 중불에서 생선을 구워주세요.

4 다른 팬에 올리브유를 두르고 시금치와 다진 마늘을 넣고 살짝 볶다가 고수양식드레싱을 넣고 잘 섞어주세요.

5 접시에 구운 생선, 볶은 시금치, 고수페스토를 올려주세요. 작게 자른 생선살에 시금치와 고수페스토를 얹어 한번에 먹어야 맛있어요.

고수호박라비올리

라비올리, 이름만 들으면 참 어렵지요? 라비올리는 쉽게 이탈리아식 만두라고 생각하면 되어요. 반죽법만 잘 숙지하면 만두 빚는 것과 동일하죠. 무언가 집중이 필요할 때, 세상사 고민이 많을 때 이렇게 시간이 좀 걸리고 공정이 많이 필요한 요리를 만들면 스트레스 해소에도 도움이 되고 마음이 차분해지는 것 같아요. 갈리나데이지 고유의 레시피를 사용했어요. 차근차근 따라 만들어보세요.

Restaurant

세몰리나 가루가 없다면 밀가루를 분량만큼 더 넣어주세요.

8개 기준 ○ 고수 5g ○ 버터 15g ○ 달걀물 1개 분량

라비올리 도우 ○ 중력분 100g ○ 세몰리나 가루 150g ○ 달걀 2½개 ○ 소금 2g

라비올리 소 ○ 다진 고수 잎 3g ○ 단호박 50g ○ 파르메산 치즈 가루 10g ○ 소금 약간

1 믹서에 라비올리 도우 재료를 넣고 반죽한 후 실온에서 1시간 동안 휴지시키세요.

2 단호박은 삶아 으깨고 다진 고수 잎과 파르메산 치즈, 소금을 넣어 섞어주세요.

3 라비올리 도우를 얇게 편 뒤 준비한 소를 조금씩 떼어내 넣고 라비올리를 만들어주세요.

4 라비올리는 끓는 물에 3분간 삶아주세요.

5 팬에 버터를 녹이고 고수를 살짝 구워 버터 소스를 만드세요.

6 버터 소스에 삶은 라비올리를 넣고 버무리면 완성입니다.

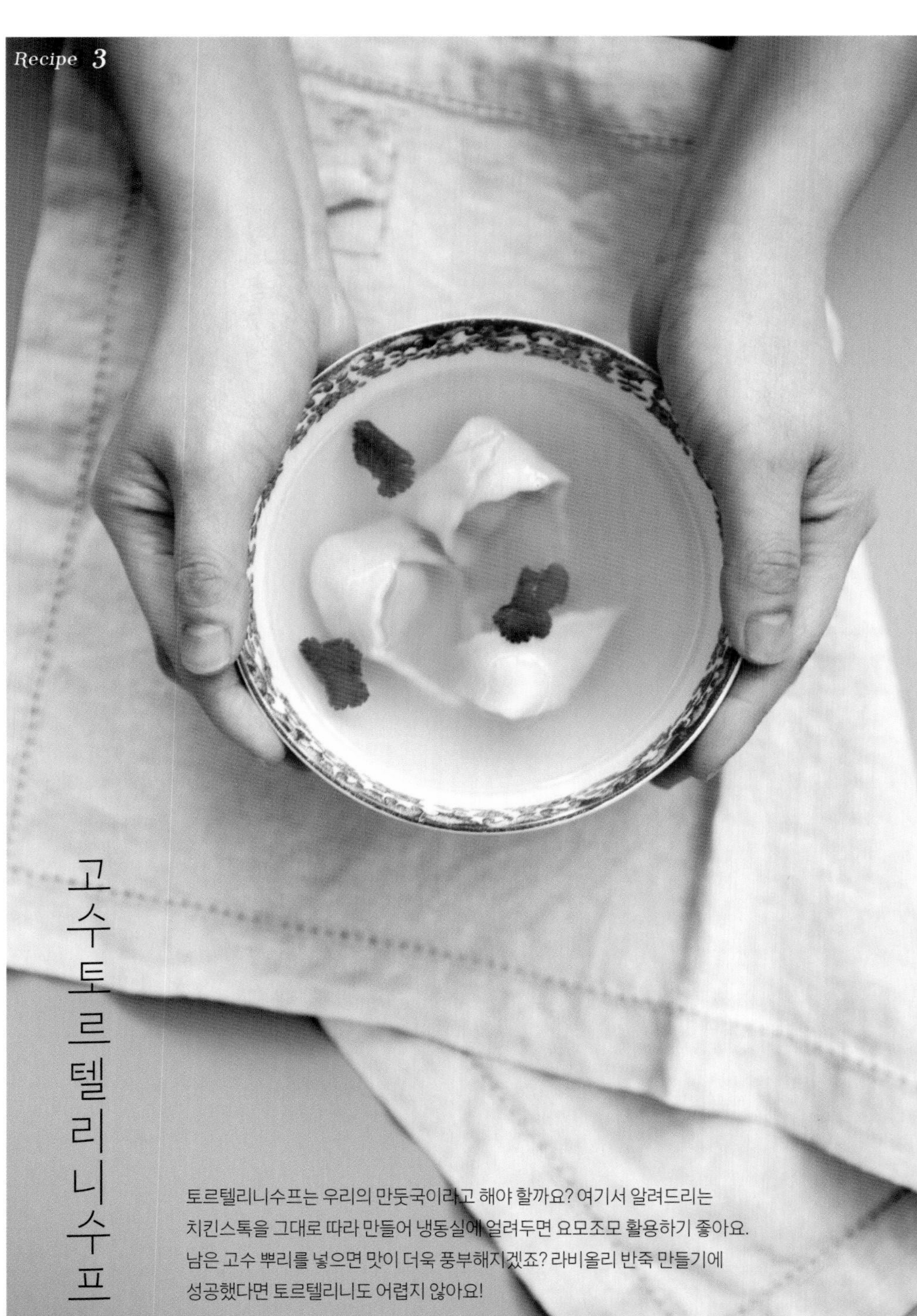

고수토르텔리니수프

토르텔리니수프는 우리의 만둣국이라고 해야 할까요? 여기서 알려드리는 치킨스톡을 그대로 따라 만들어 냉동실에 얼려두면 요모조모 활용하기 좋아요. 남은 고수 뿌리를 넣으면 맛이 더욱 풍부해지겠죠? 라비올리 반죽 만들기에 성공했다면 토르텔리니도 어렵지 않아요!

1인분 ○ 푸실리 면 80g ○ 토마토소스 30ml ○ 생크림 100ml ○ 소금 약간 ○ 올리브유 적당량

미트볼 ○ 다진 고수 잎 7g ○ 다진 돼지고기 45g ○ 다진 소고기 75g ○ 달걀 ½개 ○ 다진 양파 20g ○ 빵가루 10g ○ 소금 3g ○ 후춧가루 약간

미트볼을 구울 때 오븐이 없다면 팬에 올리브유를 두르고 겉을 한번 익힌 다음 약한 불로 줄여 속을 잘 익혀주세요. 버터 패티를 굽듯이 살짝 눌러가며 익히세요.

이때 손에 올리브유를 살짝 묻혀주면 수월하게 반죽할 수 있어요.

1 믹싱 볼에 미트볼 재료를 모두 넣고 고루 섞어주세요.

2 45g씩 나눠 둥글게 미트볼을 만들어주세요.

3 오븐팬에 올리브유를 살짝 바르고 미트볼을 올린 뒤 250℃로 예열한 오븐에서 8분간 구워주세요.

4 팬에 토마토소스와 생크림을 섞어 로제 소스를 만들어주세요.

5 끓는 물에 소금을 넣은 뒤 푸실리 면을 넣고 삶아주세요.

6 접시에 면을 담고 소스를 부은 뒤 미트볼을 올려주세요.

고수파타테

이탈리아식 감자구이 파타테입니다. 감자를 먹는 다양한 방식이 있지만 이렇게 만들어 먹는 것도 재미있고 독특해요. 만약 오븐이 없다면 감자를 껍질째 삶은 뒤 으깨 팬에 오일을 두르고 겉을 바삭하게 구워 고수페스토를 곁들여보세요. 감자 맛이 한결 고급스러워져요.

고수페스토 만드는 법은 16페이지를 참조하세요.

2인분
○ 고수페스토 2Ts ○ 다진 고수 잎 2g ○ 알감자 8개(300g)
○ 소금 약간 ○ 올리브유 적당량

1 알감자는 씻어 오븐 팬에 올린 후 소금을 뿌려 간하고 올리브유를 뿌려주세요.

2 250℃로 예열한 오븐에서 20분간 구워주세요.

3 알감자가 따뜻할 때 주방용 해머를 이용해 눌러주세요.

4 믹싱 볼에 알감자와 고수페스토, 고수 잎을 넣고 버무려주세요.

고수브루스케타

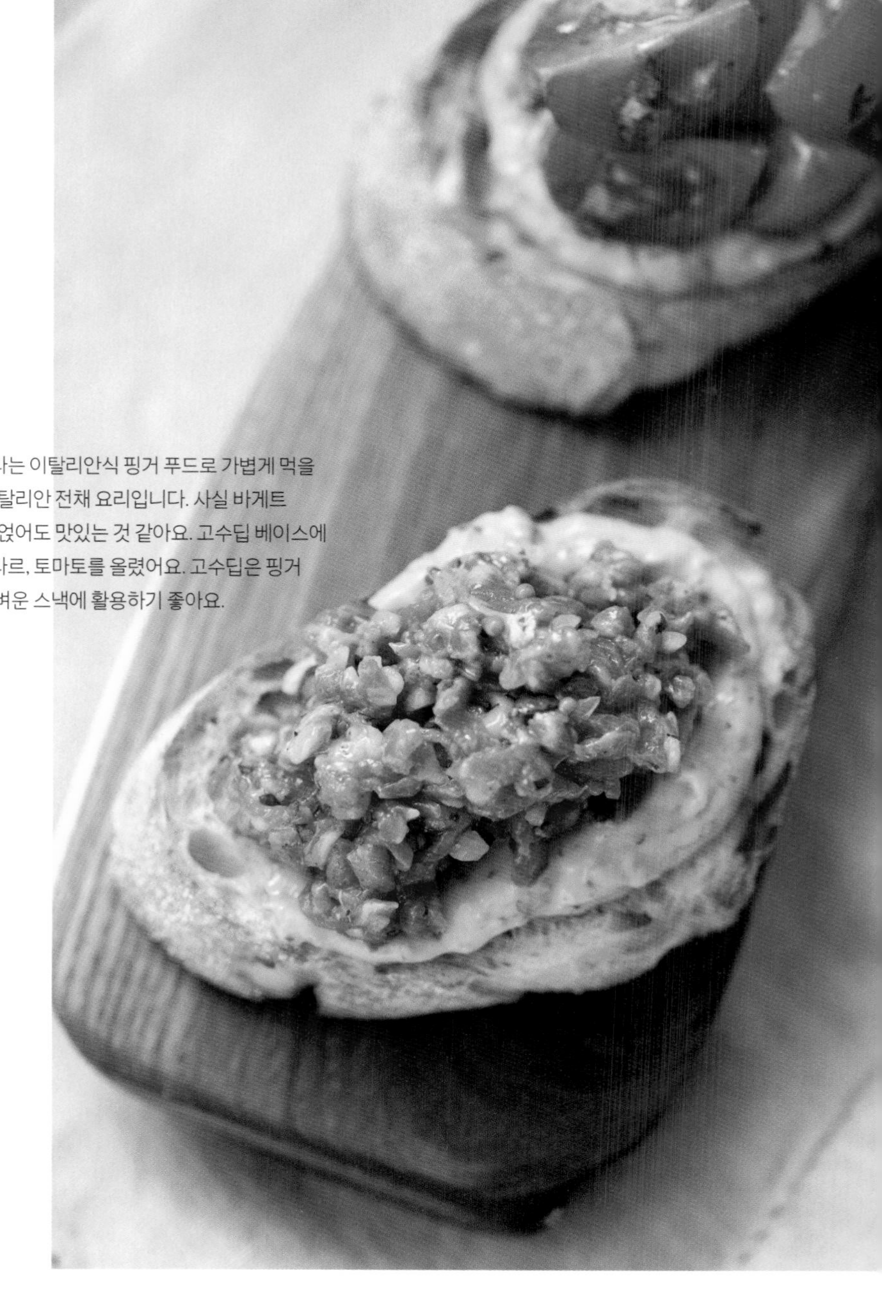

브루스케타는 이탈리안식 핑거 푸드로 가볍게 먹을 수 있는 이탈리안 전채 요리입니다. 사실 바게트 위에는 뭘 얹어도 맛있는 것 같아요. 고수딥 베이스에 비프타르타르, 토마토를 올렸어요. 고수딥은 핑거 푸드나 가벼운 스낵에 활용하기 좋아요.

고수딥
만드는 법은
22페이지를
참조하세요.

고수양식
드레싱 만드는
법은 21페이지를
참조하세요.

2인분 ○ 치아바타 또는 바게트 2조각 ○ 고수딥 2Ts

비프타르타르 ○ 다진 고수 잎 3g ○ 고수양식드레싱 ½Ts, 다진 홍두깨살 50g
○ 다진 양파 ½Ts ○ 홀그레인 머스터드 약간

방울토마토 마리네이드 ○ 다진 고수 잎 3g ○ 방울토마토 4개 ○ 다진 마늘 약간
○ 다진 양파 ½Ts ○ 올리브유 1Ts ○ 소금·후춧가루 약간씩

오븐이 없으면
달군 팬에
기름 없이
구워주세요.

1 빵은 먹기 좋은 크기로 썰어 250℃로 예열한 오븐에 2분간 구워주세요.

2 믹싱 볼에 비프타르타르 재료를 넣고 섞어주세요.

3 다른 믹싱 볼에는 방울토마토 마리네이드 재료를 넣고 섞어주세요.

4 빵에 고수딥을 바른 후 비프타르타르, 방울토마토 마리네이드를 각각 올려주세요.

고수아란치니

속 색깔이 참 예쁜 고수아란치니입니다. 아란치니는 시칠리아의 길거리 음식으로 쌀과 갖은 재료를 넣어 튀긴 크로켓과 비슷한 요리예요. 고수페스토만 있으면 활용할 수 있는 레시피가 정말 많죠. 아란치니에는 이탈리아 쌀을 쓰면 좋지만 한국 품종을 써도 괜찮아요. 치즈랑 옥수수 같은 가벼운 재료만 들어가 아이들 간식으로도 좋은 메뉴입니다.

4개 기준

○ 밀가루 50g ○ 달걀 1개 ○ 빵가루 50g
○ 튀김용 기름 적당량

아란치니 ○ 고수페스토 20g ○ 쌀 50g
○ 채소 스톡 또는 물 130ml
○ 파르메산 치즈 가루 5g ○ 달걀노른자 ¼개
○ 옥수수콘 15g ○ 모차렐라 치즈 15g
○ 소금 약간

고수페스토 만드는 법은 16페이지를 참조하세요.

채소 스톡 만드는 법은 41페이지를 참조하세요.

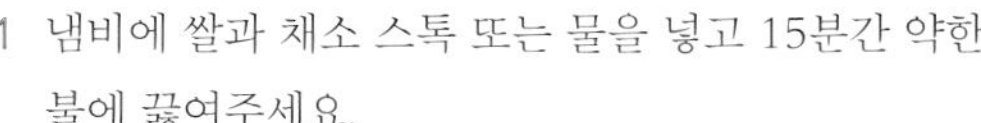

1 냄비에 쌀과 채소 스톡 또는 물을 넣고 15분간 약한 불에 끓여주세요.

2 쌀이 다 익으면 남은 아란치니 재료를 섞은 후 팬에 펼쳐 식혀주세요.

3 40g씩 나눠 공 모양으로 둥글게 만들어 냉장고에서 10분간 휴지시켜주세요.

4 밀가루, 달걀물, 빵가루 순서로 묻혀 180℃ 기름에 4분간 튀겨주세요.

고수홍합스튜

토마토소스에 조개류를 넣으면 맛있는 건 당연하지요. 칼칼한 맛을 좋아하면 이탈리안 고추 페페렌치노를 넣어보세요. 특히 해장 국물로 매우 좋답니다. 보통은 이탈리안 파슬리를 넣지만 저는 고수를 넣어 이국적인 맛을 더했습니다.

채소 스톡 만드는 법은 41페이지를 참조하세요.

2인분 ○ 고수 3g ○ 홍합 300g ○ 조개 300g ○ 채소 스톡 또는 물 1컵 ○ 토마토소스 ½컵 ○ 방울토마토 3개 ○ 굵은소금 약간

양념 ○ 올리브유 2Ts ○ 다진 마늘 1Ts ○ 화이트 와인 1Ts ○ 소금 약간

1 홍합은 깨끗이 씻어 준비해주세요.

2 조개는 굵은소금으로 문질러 씻어 해감해주세요.

3 달군 팬에 올리브유(1Ts)를 두르고 다진 마늘을 넣고 볶다가 홍합과 조개를 넣어주세요.

4 화이트 와인을 넣고 알코올을 날린 뒤 채소 스톡, 토마토소스를 넣고 홍합이 입을 벌릴 때까지 끓여주세요.

5 방울토마토와 손으로 뜯은 고수, 올리브유(1Ts)를 넣고 끓여주세요.

6 소금으로 간한 뒤 접시에 담아 취향대로 고수를 더 올려주세요.

고수풍기

이탈리아어로 버섯을 풍기FUNGHI라고 해요. 이 풍기로 만드는 요리가 정말 많죠. 갈리나데이지의 시그니처 메뉴인 '풍기'는 원래는 시금치로 만들어요. 직접 만든 리코타 치즈와 시금치가 들어가 버섯을 정말 맛있게 먹을 수 있는 요리랍니다. 시금치를 고수로 바꿨더니 느끼함이 줄고 개성 있는 요리가 되었어요.

버섯 2개 기준 ○ 고수 20g ○ 리코타 치즈 60g ○ 파르메산 치즈 가루 15g ○ 큰송이버섯 2개
○ 소금 약간 ○ 올리브유 적당량
마늘 오일 ○ 올리브유 2Ts ○ 마늘 2쪽

1 올리브유와 마늘을 함께 끓여 마늘 오일을 만들어주세요.

2 고수는 잘게 썰어주세요.

3 볼에 고수를 담은 뒤 뜨거운 마늘 오일을 조금씩 부어가며 숨을 약간 죽이세요.

4 리코타 치즈와 파르메산 치즈 가루를 넣고 소금으로 간해주세요.

5 팬에 올리브유를 두르고 밑동을 제거한 큰송이버섯을 오목한 부분이 위로 향하게 해주세요.

6 잘 섞은 치즈를 뭉쳐 올리고 250℃로 예열한 오븐에서 6분간 구워주세요.

고수비프카르파치오

고수양식드레싱을 활용한 비프카르파치오에 루콜라와 고수를 더했어요. 소고기는 신선한 것으로 준비해 얇게 써는 게 중요합니다. 살짝 얼렸다 썰면 쉽게 썰 수 있어요. 매우 간단하지만 어디서나 쉽게 볼 수 있는 메뉴가 아니라 실력을 뽐내기에 좋답니다.

한 접시 기준 ○ 고수 3g ○ 한우 등심 또는 안심 20g ○ 루콜라 3g ○ 파르메산 치즈 가루 5g
양념 ○ 고수양식드레싱 2Ts ○ 소금·후춧가루 약간씩

고수양식 드레싱 만드는 법은 21페이지를 참조하세요.

1 소고기는 살짝 얼린 뒤 얇게 썰어주세요.

2 얇게 썬 고기에 소금, 후춧가루로 간하고 고수양식드레싱 1Ts을 올려주세요.

3 믹싱 볼에 잘게 뜯은 고수와 루콜라, 소금, 고수양식드레싱 1Ts을 넣고 버무려주세요.

4 접시에 2를 담고 버무린 고수와 루콜라, 파르메산 치즈 가루를 올려주세요.

고수크림새우리소토

부드럽고 순한 맛의 크림 리소토에 새우와 고수로 킥을 더했어요. 새우와 고수가 잘 어울린다는 건 태국 여행에서 많이 먹어봐 알게 되었죠. 고급스러운 요리가 될 것 같아요.

채소 스톡
만드는 법은
41페이지를
참조하세요.

1인분 ○ 리소토용 쌀 80g ○ 다진 양파 ½Ts ○ 채소 스톡 1컵 ○ 생크림 50ml
○ 파르메산 치즈 가루 10g ○ 소금 약간 ○ 올리브유 적당량

새우타르타르 ○ 고수양식드레싱 1Ts ○ 다진 고수 잎 2g ○ 생새우살 40g
○ 소금·후춧가루 약간씩

고수양식
드레싱 만드는
법은 21페이지를
참조하세요.

1 새우는 잘게 다져주세요.

2 볼에 다진 새우와 남은 새우타르타르 재료를 넣고 섞어주세요.

3 냄비에 올리브유를 두르고 다진 양파, 쌀을 넣어 볶다가 채소 스톡을 넣고 잘 저어주세요.

4 쌀이 반 이상 익으면 생크림을 넣은 뒤 소금으로 간해주세요.

5 농도가 나면 파르메산 치즈 가루를 넣고 마무리하세요.

6 접시에 리소토를 담고 새우타르타르를 올려주세요.

새우는 제주 딱새우 또는 대하도 가능해요.

Part 4

○

고수가 브런치를 만났을 때

느긋한 휴일 아침, 신선한 고수 향이 일렁이는 브런치로 한 상 차려보세요. 고수를 사랑하는 이라면 이보다 더 행복한 브런치는 없을 거예요. 고수는 입맛을 돋우는 효과가 있어 일반적인 브런치 메뉴에 고수를 추가하는 것만으로도 기분 좋은 식사를 즐길 수 있습니다. Part 1의 고수페스토를 활용해 간편하게 만들 수 있는 메뉴도 많아요. 여유로운 브런치 타임을 위해서는 좋아하는 음식을 풍성하게, 그러나 만드는 과정은 어렵지 않은 요리로 차리는 것이 좋겠죠?

고수브런치세트

고수양식드레싱과 고수딥, 고수페스토 등을 활용한 호사스러운 브런치 세트입니다. 고수 한 단으로 활용할 수 있는 메뉴가 이렇게 많다는 것을 근사하게 보여줄 수 있어요. 집에 있는 다양한 식재료를 활용해 브런치 테이블을 맛있고 예쁘게 꾸며보세요.

고수양식 드레싱 만드는 법은 21페이지를 참조하세요.

2인분

고수스크램블드에그	○ 고수 5g ○ 달걀 2개 ○ 버터·소금 약간씩
고수샐러드	○ 고수양식드레싱 1Ts ○ 방울토마토 2개 ○ 샐러드 채소 20g
그 외	○ 식빵 2장 ○ 아보카도 ¼개 ○ 크러시드 레드 페퍼 약간

1 고수는 큼직하게 다져주세요.

2 달걀은 거품기로 곱게 풀어 소금으로 간합니다.

3 달군 팬에 버터를 녹인 뒤 달걀물을 붓고 젓가락으로 저어가며 스크램블드에그를 만듭니다. 스크램블드에그가 거의 익으면 다진 고수를 넣고 섞어주세요.

4 방울토마토는 꼭지를 따고 먹기 좋은 크기로 자른 뒤 샐러드 채소와 함께 볼에 넣고 고수양식드레싱으로 버무립니다.

5 식빵은 토스터를 이용해 노릇하게 구워 접시에 담아주세요.

6 아보카도는 슬라이스한 뒤 그릇에 보기 좋게 담고 크러시드 레드 페퍼를 살짝 뿌립니다.

달걀을 반숙으로 맛있게 삶는 방법! 찬물에 달걀을 넣고 그대로 불에 올려 7분간 삶으면 속이 노란 반숙 달걀이 완성됩니다. 달걀을 삶을 때 식초와 소금을 소량 넣어 함께 끓이면 달걀 껍데기가 깔끔하게 벗겨져요.

고수카레라이스

저는 평소 카레 요리를 할 때 토마토 넣는 것을 좋아해요. 카레에 토마토와 양파를 잔뜩 넣고 끓이면 산뜻한 감칠맛, 그리고 입에 착 붙는 단맛이 은은하게 배어나 정말 맛있거든요. 토마토와 고수는 워낙 잘 어울리는 재료라 카레에 함께 넣었더니 확실히 풍미가 달라지더라고요. 고수 러버라면 고수피클을 곁들여보세요. 정말로 행복한 맛이랍니다.

2인분

○ 양파 100g ○ 감자·당근 60g씩 ○ 버터 10g ○ 방울토마토 3개
○ 고형 레드 카레·토마토소스 20g씩 ○ 올리브유 약간 ○ 물 250~300ml

고기 마리네이드 ○ 다진 고수 잎 10g ○ 소고기 등심 100g ○ 다진 마늘 5g
○ 소금·후춧가루 약간씩

1 잘게 다진 고수와 다진 마늘, 소금, 후춧가루를 섞어 한입 크기로 자른 등심에 고루 발라 1시간 마리네이드합니다.

2 양파는 얇게 슬라이스하고 감자, 당근은 먹기 좋은 크기로 잘라요.

3 달군 팬에 버터를 녹인 뒤 양파를 넣고 투명해질 때까지 볶습니다. 양파가 옅은 갈색이 돌 때까지 오래 볶아 캐러멜라이징하면 더 맛있어요.

4 오목한 팬이나 주물 냄비에 올리브유를 두르고 등심을 노릇하게 구워 접시에 담아냅니다.

5 등심을 구운 팬에 감자와 당근을 넣어 1분 정도 볶다가 물, 등심, 양파, 방울토마토를 더해 고기가 부드러워질 때까지 20분 정도 끓여주세요.

6 고형 카레와 토마토소스를 넣고 10분간 더 끓입니다.

고수크림수프

브로콜리수프 레시피에 브로콜리 대신 고수를 넣어 만들어봤어요. 생각보다 고수 향이 진하지 않고 은은해 부드러운 맛으로 즐기기 좋답니다. 식전 수프로 혹은 간식으로 먹기 적당해요. 취향에 따라 바삭한 크루통을 더해도, 치즈를 올려 살짝 녹여 먹어도 좋아요.

채소 스톡 만드는 법은 41페이지를 참조하세요.

2인분 ○고수 10g ○감자 1개(150g) ○양파 20g ○생크림 50ml ○채소 스톡 또는 물 250ml ○올리브유 적당량 ○소금 약간

1 감자는 적당한 크기로 자르고 양파는 얇게 슬라이스합니다.

2 냄비에 올리브유를 두르고 감자와 양파를 넣어 볶아요.

3 채소 스톡을 3회에 나눠 넣으며 약한 불에서 끓입니다. 채소 스톡이 끓어오르면 또 채소 스톡을 넣어 끓이고 하는 식으로요.

스톡 맛이 재료에 잘 배어들게 하기 위해서 3회에 나눠 넣어 끓여요.

4 감자가 어느 정도 익으면 소금으로 간하고 고수를 더해 함께 끓입니다.

5 감자가 다 익으면 생크림을 더해 한소끔 끓이다 믹서나 핸드블렌더를 이용해 곱게 갈아 마무리합니다.

2인분

○다진 고수 잎 2g ○고수양식드레싱 3Ts ○리코타 치즈 50g ○샐러드용 채소 50g
○방울토마토 2개 ○그린 올리브 3개 ○샤인머스캣 건포도 5개 ○소금 약간

고수양식 드레싱 만드는 법은 21페이지를 참조하세요.

1 믹싱 볼에 리코타 치즈와 고수, 고수양식드레싱 1Ts, 소금을 넣고 섞어 고수리코타치즈를 만듭니다.

2 접시에 샐러드용 채소를 올리고 고수리코타치즈를 먹기 좋은 크기로 나눠 보기 좋게 올려요.

3 방울토마토와 그린 올리브, 샤인머스캣 건포도를 올리고 나머지 고수양식드레싱을 뿌립니다.

고수리코타샐러드

샤인머스캣으로 만든 건포도를 맛보고 그 맛에 푹 빠졌어요. 샤인머스캣의 달콤함이 그대로 담겨 있더라고요. 샤인머스캣 특유의 아찔한 단맛과 리코타 치즈의 부드러움, 여기에 고수 특유의 향이 만나 황홀한 조화를 이루는 산뜻한 샐러드가 탄생했습니다.

고수페스토 피자

토르티야를 이용해 집에서도 쉽게 만들 수 있는 산뜻한 맛의 피자예요. 고수페스토를 소스로 활용하면 토마토와 모차렐라 치즈만으로도 근사한 피자가 완성됩니다! 대저토마토가 제철이라면 일반 토마토 대신 대저토마토를 사용해보세요. 훨씬 깊은 풍미를 느낄 수 있답니다. 토르티야 한 장으로는 도우가 너무 얇아 두 장으로 겹쳐 만드세요! 제대로 된 담백한 피자 맛을 경험할 수 있어요.

고수페스토 만드는 법은 16페이지를 참조하세요.

토르티야 8인치 기준

○ 고수페스토 50g ○ 고수 잎 2g ○ 토르티야 8인치 2장 ○ 모차렐라 치즈 50g ○ 토마토 슬라이스 3장 ○ 생크림 10g

1 오븐 팬에 토르티야 한 장을 올리고 모차렐라 치즈 20g을 고루 뿌린 뒤 다시 토르티야 한 장을 올립니다.

2 고수페스토와 생크림을 섞은 뒤 토르티야에 고루 펼쳐주세요.

3 나머지 모차렐라 치즈를 골고루 뿌린 뒤 토마토를 올려요.

4 200℃로 예열한 오븐에 넣어 8분간 구워냅니다.

5 구운 피자에 고수 잎을 얹으면 완성이에요.

고수페스토치킨샐러드

치킨샐러드는 맛도 좋고 다이어트용 식사로도 최고지요. 여기에서 선보이는 치킨샐러드는 고수페스토로 버무린 치킨에 랜치 드레싱을 곁들인 콥샐러드 버전이에요. 랜치 드레싱에도 고수가 들어가 그 맛이 더욱 산뜻하고 풍미가 훌륭해요. 고수랜치드레싱을 넉넉히 만들어두고 다양한 샐러드에 활용해보세요.

2인분

고수페스토 만드는 법은 16페이지를 참조하세요.

○ 고수페스토 1Ts ○ 닭가슴살 1개 ○ 방울토마토 4개 ○ 블랙 올리브 10개
○ 삶은 메추리알 7개 ○ 아보카도 ½개 ○ 로메인 30g ○ 캔 옥수수 40g

고수랜치드레싱 ○ 다진 고수 5g ○ 플레인 요거트·마요네즈 50g씩 ○ 다진 양파 8g
○ 씨겨자 10g ○ 소금·후춧가루 약간씩

1 믹서에 고수랜치드레싱 재료를 모두 넣고 곱게 갈아 준비합니다.

2 닭가슴살은 먹기 좋은 크기로 잘라 250℃로 예열한 오븐에서 8~10분간 구운 뒤 고수페스토를 넣고 섞어주세요.

3 방울토마토는 4등분, 블랙 올리브와 메추리알은 2등분합니다. 아보카도와 로메인은 먹기 좋은 크기로 잘라요. 옥수수는 체에 건져 물기를 제거합니다.

4 접시에 로메인을 담고 나머지 재료를 보기 좋게 골고루 담아냅니다.

5 고수랜치드레싱을 곁들이면 완성이에요.

고수페스토 파스타

고수페스토로 깔끔한 맛을 낸 파스타예요. 재료가 너무 심플해 '과연 맛이 있을까' 싶지만 산뜻하면서도 풍부한 맛에 깜짝 놀랄 거예요. 줄기콩은 생줄기콩 대신 냉동 줄기콩을 사용해 부드러운 맛을 냈어요. 냉동 줄기콩이 없다면 봄나물 등 다른 재료를 넣어도 좋아요.

1인분 ○ 고수페스토 2Ts ○ 스파게티 면 100g ○ 줄기콩 20g
○ 생크림 100ml ○ 물 100ml ○ 소금 약간

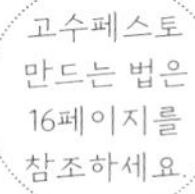
고수페스토
만드는 법은
16페이지를
참조하세요.

1 끓는 물에 소금을 넣고 스파게티 면을 넣어 8분간 삶아요.

2 팬에 생크림과 물을 넣고 불에 올려 잘 저어요. 삶은 면을 넣고 고루 섞어 소금으로 간합니다.

3 소스가 반 정도로 졸아들면 줄기콩과 고수페스토를 넣고 잘 섞어주세요.

4 완성된 파스타를 접시에 담아냅니다.

고수명란 감자샐러드

감자와 명란, 마요네즈는 말로 표현할 수 없을 만큼 맛있는 조합이죠. 여기에 고수를 더하면 독특한 풍미의 감자샐러드를 만들 수 있어요. 그 자체로 훌륭한 술안주가 되고 빵에 발라 브런치로 즐기기에도 좋아요. 토르티야에 얹어 치즈를 뿌려 구워내면 색다른 피자로도 즐길 수 있어요. 짭조름한 명란젓의 감칠맛에 다양하게 활용이 가능한 샐러드입니다.

2인분

○ 고수 5g ○ 감자 220g ○ 명란젓·마요네즈 50g씩 ○ 다진 양파 30g
○ 소금 2g ○ 후춧가루 약간

1 감자는 삶고 명란은 얇은 막을 제거해 준비합니다.

2 삶은 감자는 껍질을 제거하고 볼에 넣어 으깬 뒤 남은 재료를 모두 넣고 고루 섞어 완성합니다.

명란 대신 구운 베이컨을 넣어도 맛이 좋아요

STAUB
STAUB
STAUB
STAUB
STAUB
STAUB

Part 5

○

고수가 아시아 요리를 만났을 때

우리나라에선 많은 이들이 태국 음식을 먹으며 처음 고수를 접하게 되는데요. 매콤 새콤 달콤한 태국 음식과 고수의 조화는 정말 환상적이에요. 중국 음식에서도 고수가 빠지면 섭섭하죠. 아시아 음식에서 고수는 약방의 감초 같은 존재입니다. 그런데 한식에도 고수가 잘 어울린다는 사실을 아는 사람은 많지 않더라고요. 옛날부터 사찰이나 남쪽 지방에서는 고수를 즐겨 먹은 만큼 그 조화가 뛰어납니다. 일상적으로 먹던 한식에 고수를 더해 더욱 특별하게 즐겨보세요.

고수톰얌쿵

동남아시아 음식이 인기가 올라가면서 레몬그라스, 갈랑갈, 타이바질 등 식재료를 구입할 수 있는 곳이 많아졌어요. 덕분에 저처럼 톰얌쿵을 좋아하는 사람은 집에서도 손쉽게 만들어 먹을 수 있게 되었지요. 저는 산미가 있는 시큼한 톰얌쿵을 선호하는데요. 취향에 따라 매운맛이나 코코넛밀크로 부드러운 맛을 더해도 좋아요. 재료만 준비된다면 의외로 간단해 찌개 끓이는 것보다도 더 쉽게 만들 수 있는 요리입니다. 물론 톰얌쿵에도 고수는 빠질 수 없지요!

2인분 ○ 고수 5g ○ 새우 5마리 ○ 느타리버섯 100g ○ 토마토 ½개 ○ 샬롯 50g ○ 레몬그라스·갈랑갈 20g씩 ○ 물 500ml ○ 라임 잎 2장 ○ 쥐똥고추 1개 ○ 라임 ½개 ○ 피시 소스 1Ts ○ 소금 약간

1 새우는 흐르는 물에 씻고, 느타리버섯은 먹기 좋게 찢고, 토마토는 먹기 좋은 크기로 자릅니다.

2 샬롯은 다지고 레몬그라스는 길이로 반으로 가르며 갈랑갈은 얇게 저며주세요.

3 냄비에 새우와 물을 넣어 3분간 끓인 뒤 새우는 건져 껍질을 벗겨냅니다.

4 새우 끓인 물에 샬롯과 레몬그라스, 갈랑갈을 넣어 3분간 끓입니다.

5 버섯과 라임 잎을 넣어 1분간 더 끓이다 토마토와 껍질을 벗긴 새우를 넣어 끓입니다.

6 불을 끄고 라임즙과 피시 소스, 소금으로 간한 뒤 마지막에 고수, 쥐똥고추를 얹어냅니다.

고수해물전

집에서 부추전이나 미나리전, 깻잎전은 흔히 해 먹지요. 그만큼 밀가루와 초록 채소는 그 조화가 뛰어납니다. 특유의 향이 중화되어 은은하게 즐길 수 있는 것도 장점이지요. 그런 의미에서 고수에 다양한 해물을 넣어 전을 만들어보았는데요. 꼭 어린 시절 먹어본 방앗잎전과 같은 느낌이 들어 더욱 맛있었어요. 고수가 이렇게 다양하게 쓰일 줄이야 저도 레시피를 개발하며 알았답니다. 어떤 음식에도 잘 어울리는 재간둥이 고수, 더욱 사랑해주세요!

지름 6cm 6개 기준

○ 고수·쪽파 30g씩 ○ 총알오징어 1마리(일반 오징어는 ⅓마리) ○ 조갯살 5개
○ 새우 3마리 ○ 홍고추·청고추 ½개씩 ○ 비법고수양념장·식용유 적당량
반죽물 ○ 부침가루·튀김가루 ½컵씩 ○ 얼음물 1컵

비법고수양념장 만드는 법은 125페이지를 참조하세요.

1 고수와 쪽파, 해물, 고추 등은 먹기 좋은 크기로 썹니다.

2 믹싱 볼에 밀가루와 얼음물을 넣고 날가루가 보이지 않을 정도로만 섞어 반죽물을 만듭니다.

3 반죽물에 재료를 넣고 고루 섞어요.

4 달군 팬에 식용유를 넉넉히 두르고 반죽을 올려 앞뒤로 바삭하게 구워냅니다.

5 그릇에 보기 좋게 담고 비법고수양념장을 곁들여내요.

고수된장찌개

봄나물 많이 나는 따뜻한 봄에는 달래나 냉이를 넣고 된장찌개 많이 끓여 드시죠? 냉장고에 잔뜩 남은 고수로 무얼 해 먹을까 고민하다 평소 즐겨 먹는 냉이된장찌개가 떠올라 고수를 넣고 한번 끓여보았어요. 상상 이상의 맛에 정말 놀랐답니다. 고수가 된장의 구수한 국물과 만나 한층 더 깊어지고 고급스러운 맛이 났어요. 의외의 조합이긴 하지만 고수 철에는 고수로 된장찌개를 끓여보세요. 여기에 뿌리까지 같이 넣으면 더 좋아요.

2인분

○ 고수 10g ○ 두부 ¼모 ○ 애호박·감자·양파·대파 ⅓개씩 ○ 홍고추·청고추 약간씩

된장육수 ○ 물 500ml ○ 육수용 멸치 5마리 ○ 된장 1Ts

1 고수와 두부, 준비한 채소는 먹기 좋은 크기로 썰어요.

2 냄비에 물과 육수용 멸치를 넣고 끓이다 된장을 풉니다.

3 두부와 고수를 제외한 채소를 모두 넣고 보글보글 끓여요.

4 채소가 익으면 두부와 고수를 넣어 한소끔 끓인 뒤 불에서 내립니다.

고수중식볶음

중식볶음은 양을 넉넉히 만들어야 제대로 맛이 나는 것 같아 중식을 좋아하는 저는 손님을 초대해 만들어 먹곤 합니다. 중국 식당에 가면 공심채나 브로콜리니, 고수 같은 초록 채소를 매운 양념과 함께 센 불에서 단시간에 볶은 요리를 많이 볼 수 있는데 밥반찬으로도 술안주로도 참 좋지요. 특히 돼지고기와 고수의 궁합은 정말 최고예요. 고수 향을 꺼리는 이들도 맛있게 먹을 수 있는 요리입니다.

2인분 ○ 고수 50g ○ 돼지고기 150g ○ 쥐똥고추 15g ○ 후춧가루 약간 ○ 식용유 적당량

양념 ○ 고수한식드레싱 3Ts ○ 다진 마늘·설탕 1Ts씩

고수한식드레싱 만드는 법은 18페이지를 참조하세요.

1 고수는 큼직큼직하게 잘라요.

2 돼지고기는 먹기 좋은 크기로 썰고 쥐똥고추는 손으로 반 가릅니다.

3 팬에 기름을 두르고 돼지고기에 후춧가루를 약간 뿌려 센 불에서 바짝 볶아요.

4 돼지고기를 건져내고 다시 기름을 넉넉히 두른 뒤 쥐똥고추를 듬뿍 넣어 향을 내며 볶아요.

5 어느 정도 향이 나면 건져낸 고기와 고수한식드레싱, 다진 마늘, 설탕을 넣어 센 불에서 빠르게 볶아냅니다.

6 고수를 듬뿍 넣고 숨이 죽을 정도로만 가볍게 볶은 뒤 그릇에 담아내요.

버섯솥밥 고수

제가 만들었음에도 비법고수양념장이 정말 맛있어 꼭 솥밥에 곁들여보고 싶었어요. 고수 고유의 향을 즐기기 위해서는 식재료의 맛이 너무 강하지 않은 솥밥이 좋을 것 같아 버섯솥밥을 골랐습니다. 버섯의 식감과 은은한 향이 일품인 버섯솥밥에 비법고수양념장을 넣고 쓱쓱 비벼 먹으면 그야말로 밥맛이 꿀맛이에요.

2인분 ○ 쌀 150g ○ 버섯육수 150ml

버섯육수 ○ 고수 뿌리 5쪽 ○ 건표고버섯 슬라이스 20g ○ 다시마 10×10cm 1장 ○ 육수용 멸치 10g ○ 육수용 건새우 10g ○ 물 500ml

비법고수양념장 ○ 고수한식드레싱 2Ts ○ 다진 고수·다진 마늘·고춧가루 1ts씩 ○ 간장 3Ts ○ 참기름 약간

고수한식드레싱 만드는 법은 18페이지를 참조하세요.

1 물 500ml에 표고버섯과 다시마를 넣고 2시간 정도 냉침해 불립니다. 전날 밤에 미리 불려도 좋아요.

2 냉침한 물과 고수 뿌리, 불린 표고버섯, 다시마, 멸치, 건새우를 냄비에 담고 약한 불에서 끓입니다.

3 보글보글 끓어오르면 하얀 거품을 제거하면서 30분간 더 끓입니다. 끓어오를 때 다시마는 미리 건져내세요.

4 쌀은 미리 1시간 정도 불려둡니다.

5 비법고수양념장 재료를 모두 섞어 양념장을 만듭니다.

6 버섯육수는 체에 거른 뒤 한 김 식혀요.

7 표고버섯은 따로 골라내 고수한식드레싱과 버무려주세요.

8 솥에 불린 쌀과 버섯육수를 넣고 양념한 표고버섯을 올린 뒤 뚜껑을 닫고 중불에 올립니다.

9 밥이 보글보글 끓어오르면 약한 불로 줄여 15분간 더 끓인 뒤 불을 끄고 10분간 뜸을 들여 솥밥을 완성해요.

10 뚜껑을 열고 주걱으로 자르듯 밥을 섞은 뒤 그릇에 담고 비법고수양념장을 곁들여냅니다.

고수오이샐러드

일본에서는 오이타다키라고 부르는 정말 간편하고 맛있는 오이 요리예요. 오이가 제철인 여름이 오면 꼭 만들어 먹는 샐러드입니다. 오이를 방망이로 두드려 양념이 잘 배어들도록 한 뒤 양념장과 고수를 더해 보세요. 밑반찬으로도 좋고 가벼운 맥주 안주로도 그만입니다.

고수한식 드레싱 만드는 법은 18페이지를 참조하세요.

2인분 ○ 고수 잎 10g ○ 오이 1개 ○ 소금 1Ts

양념장 ○ 고수한식드레싱 3Ts ○ 다진 마늘·고추기름·참기름 1Ts씩

1 오이는 깨끗이 씻어 껍질째 방망이로 두드린 뒤 손으로 먹기 좋게 찢어주세요.

2 손질한 오이를 그릇에 담고 소금을 넣어 10분간 절인 뒤 물기를 꼭 짜냅니다.

3 양념장 재료를 섞어 양념장을 만듭니다.

4 절인 오이에 양념장과 고수 잎을 넣어 고루 버무린 뒤 그릇에 담아냅니다.

마늘은 칼로 직접 다져주세요. 시판 다진 마늘이나 블렌더로 간 마늘처럼 너무 곱게 갈아 촉촉한 마늘보다는 칼로 다진 마늘이 더 잘 어울려요.

고수멸치국수

멸치육수를 내는 저만의 비법, 바로 고수 줄기와 뿌리입니다. 고수 줄기나 뿌리를 넣고 푹 끓이면 멸치의 비린 맛을 잡을 수 있어요. 이국의 향도 은은하게 풍겨 더욱 감칠맛 나는 육수가 됩니다. 뜨겁게 우려낸 육수에 국수를 넉넉히 말아 넣고 고수양념장과 고수를 척 올려 먹으면 속이 확 풀리지요.

멸치육수를 쉽게 만드는 법은
시판 티백 육수에 고수 뿌리를
넣고 하룻밤 정도 냉침해주세요.

비법고수양념장
만드는 법은
125페이지를
참조하세요.

2인분 ○ 비법고수양념장 1Ts ○ 소면 100g ○ 달걀 1개 ○ 애호박·당근 20g씩 ○ 식용유 적당량

멸치육수 ○ 고수 뿌리 5개 ○ 멸치 5마리 ○ 다시마 10×10cm 1장 ○ 대파·무·양파 30g씩 ○ 마늘 2쪽 ○ 물 1L ○ 국간장 1Ts ○ 소금 ½Ts

다시마는 국물이
끓기 시작하면
건져냅니다.

1 큰 냄비에 국간장과 소금을 제외한 멸치육수 재료를 모두 넣고 1시간 정도 푹 끓입니다.

2 멸치육수에 국간장과 소금으로 간해요.

3 달걀은 흰자와 노른자로 나눠 곱게 풀어 달군 팬에 기름을 살짝 두르고 약한 불에서 지단으로 구운 뒤 가늘게 채 썰어 준비합니다.

4 애호박과 당근은 채 썰어 달군 팬에 기름을 살짝 두르고 볶아냅니다.

5 끓는 물에 소면을 넣고 2~3분간 삶아 찬 물에 바락바락 헹군 뒤 체에 건져 물기를 제거합니다.

6 그릇에 삶은 국수와 육수(300ml)를 담고 달걀지단과 당근, 애호박을 보기 좋게 올립니다.

7 비법고수양념장을 곁들여 먹어요.

고수순두부탕

새우살에 명란젓과 고수를 섞어 피시볼처럼 만들어 끓인 맑은 순두부탕이에요. 마치 완탕 같기도 해요. 새우젓을 넣어 깔끔하면서도 깊은 감칠맛을 낸 것이 포인트입니다. 맑은 순두부와 완탕이 만난 매력적인 한 그릇, 가벼운 한 끼를 원한다면 그만이에요.

2인분 ○순두부 1봉지(350g) ○대파·양파 10g씩 ○홍고추 ½개 ○물 700ml ○마늘 5g ○새우젓 2Ts ○소금 약간

명란고수새우볼 ○다진 고수 5g ○새우살 50g ○명란젓 25g

1 잘게 다진 새우살에 명란젓과 고수를 넣고 섞어 명란고수새우볼 반죽을 만듭니다.

2 순두부는 큼직하게 썰고 대파는 어슷썰기하며 양파는 슬라이스합니다. 홍고추는 얇게 슬라이스하고 마늘은 얇게 저며주세요.

3 냄비에 물을 부어 끓기 시작하면 마늘과 새우젓을 넣고 양파를 넣어요.

4 명란고수새우볼 반죽을 숟가락으로 먹기 좋은 크기로 떠서 넣습니다.

5 순두부, 대파, 홍고추를 넣고 1분간 더 끓이다 불을 끄고 부족한 간은 소금으로 맞춰요.

고수두부김치

술안주로 즐겨 먹는 두부김치. 두툼하게 썬 두부를 들기름에 앞뒤로 노릇하게 굽고 김치볶음을 곁들이면 그 맛이 일품이지요. 여기에 고수를 더해 삼합처럼 함께 먹으면 고수의 향과 고소하고 부드러운 두부의 맛, 그리고 돼지고기와 김치볶음의 조화가 그만입니다. 김치와 고수는 생각보다 궁합이 좋아요. 막걸리가 절로 생각나는 요리지요?

2인분 ○ 고수 적당량 ○ 두부 ½모(200g) ○ 김치 ¼포기(150g) ○ 양파·대파 10g씩 ○ 얇게 썬 삼겹살 100g ○ 다진 마늘·고춧가루 ½Ts씩 ○ 식용유·들기름 적당량 ○ 소금·참기름 약간씩

1 두부는 두툼하게 잘라 키친타월로 물기를 제거합니다.

2 김치와 양파, 대파는 얇게 썰어요.

3 달군 팬에 식용유를 두르고 양파와 대파, 김치를 넣고 볶다가 김치가 숨이 죽으면 삼겹살을 넣고 볶아주세요.

4 삼겹살이 어느 정도 익으면 고춧가루와 다진 마늘을 넣어 볶다가 소금으로 간하고 고수와 참기름을 더한 뒤 뒤적여 섞고 불에서 내려요.

5 다른 팬에 들기름을 넉넉히 두르고 두부를 앞뒤로 노릇하게 구워냅니다.

6 접시에 구운 두부와 고수김치볶음을 보기 좋게 올려내요.

고수비빔밥

비빔밥에 들어가는 시금치 대신 고수를 살짝 데쳐 만든 비빔밥입니다. 고수의 맛과 향이 다른 재료와 조화롭게 어우러져요. 고수의 풍미가 더해지고 고추장 대신 비법고수양념장으로 비벼 먹으니 한층 신선하고 건강한 느낌이에요. 채소도 풍성하게 들어가 균형 잡힌 한 끼로 추천합니다.

비법고수양념장 만드는 법은 125페이지를 참조하세요.

1인분	○ 비법고수양념장 적당량 ○ 밥 1공기(200g) ○ 달걀 1개 ○ 식용유 약간
고수무침	○ 고수 30g ○ 참깨·참기름 약간씩 ○ 소금 약간
무생채무침	○ 무 100g ○ 굵은소금 1ts ○ 고춧가루 1ts ○ 설탕·다진 마늘 약간씩 ○ 멸치액젓·식초 1Ts씩
돼지고기볶음	○ 돼지고기 100g ○ 굴 소스·간장 ½Ts씩 ○ 마늘 1ts ○ 후춧가루 약간 ○ 식용유 적당량
콩나물무침	○ 콩나물 50g ○ 참깨·참기름·대파 약간씩 ○ 소금 약간
표고버섯볶음	○ 건표고버섯 15g ○ 마늘 약간 ○ 소금 약간 ○ 참깨·참기름·식용유 약간씩

1 고수는 끓는 물에 1분간 데친 뒤 양념 재료를 넣고 고루 버무립니다.

2 무는 가늘게 채 썰어 굵은소금으로 20분간 절인 뒤 물기를 꼭 짜고 양념 재료를 넣고 고루 버무립니다.

3 돼지고기는 양념 재료를 넣어 버무린 뒤 달군 팬에 기름을 두르고 볶아주세요.

4 콩나물은 끓는 물에 1분간 데친 뒤 물기를 제거하고 양념 재료를 넣고 고루 버무립니다.

5 건표고버섯은 물에 불린 뒤 채 썰어 달군 팬에 기름을 두르고 마늘, 소금을 넣고 볶다 참깨를 뿌리고 참기름을 한 방울 떨어트려 마무리합니다.

6 달군 팬에 기름을 두르고 달걀프라이를 만들어요.

7 그릇에 밥을 담고 준비한 재료를 먹음직스럽게 올린 뒤 비법고수양념장을 곁들입니다.

○ *Epilogue*

모두의 고수를 마치며···

'누구나 쉽게 만들 수 있는 고수 요리'를 주제로 레시피를 만들며 저도 몰랐던 고수의 새로운 매력을 발견하게 되었어요. 아주 간단한 건강 스무디부터 집에서 흔히 먹는 한식과 술안주까지, 다양한 메뉴에 고수를 접목해 더욱 풍요로운 식탁을 여러분과 함께 나눌 생각에 설레는 요즘입니다.

고수스콘과 고수고등어볶음밥, 고수된장찌개는 주위에서 쉽게 구할 수 있는 재료를 활용해 이제까지 맛볼 수 없던, 새로운 맛의 세계로 안내하는 메뉴예요. 만드는 방법 또한 간단해 많은 분들에게 꼭! 해보시라고 추천하고 싶습니다. <모두의 고수>는 제 인생에서 처음으로 선보이는 책입니다. 그만큼 의미가 크고 뜻 깊은 시간이었어요. 이탈리안 레스토랑을 운영하는 저의 첫 책이 파스타 요리책이 아닌 고수 요리책이라니! 가장 좋아하는 식재료로 만든 요리책을 출간하게 되어 참 행복합니다.

제 인생의 첫 책을 낼 수 있도록 기획해준 맛있는 책방의 장은실 편집장님께 감사의 인사를 드립니다. 제가 요리를 만들면 사진을 뚝딱 찍어내는 정인 작가님, 제가 담고 싶었던 음식의 모습을 콕 집어 예쁘게 표현해주셔서 감사해요. 그리고 늘 든든한 지원군인 저의 가족들, 또 가족보다도 더 많은 시간을 함께하는 갈리나데이지 식구들에게 항상 감사하는 마음을 가지고 있다는 말을 전합니다. 고수를 좋아하지만 어떻게 먹어야 할지 몰랐던 분들, 동남아시아 음식에 곁들이는 향신료로만 알고 있던 분들, 그리고 이 세상의 모든 고수 러버 분들에게 이 책을 바칩니다.

박누리

○ *Index*